Mawulolo Koevi
Iléri Dandonougbo

Andar de bicicleta no Grande Distrito Autónomo de Lomé (Togo)

Mawulolo Koevi
Iléri Dandonougbo

Andar de bicicleta no Grande Distrito Autónomo de Lomé (Togo)

Um meio de transporte pouco utilizado

ScienciaScripts

Imprint

Any brand names and product names mentioned in this book are subject to trademark, brand or patent protection and are trademarks or registered trademarks of their respective holders. The use of brand names, product names, common names, trade names, product descriptions etc. even without a particular marking in this work is in no way to be construed to mean that such names may be regarded as unrestricted in respect of trademark and brand protection legislation and could thus be used by anyone.

Cover image: www.ingimage.com

This book is a translation from the original published under ISBN 978-620-6-72104-8.

Publisher:
Sciencia Scripts
is a trademark of
Dodo Books Indian Ocean Ltd. and OmniScriptum S.R.L publishing group

120 High Road, East Finchley, London, N2 9ED, United Kingdom
Str. Armeneasca 28/1, office 1, Chisinau MD-2012, Republic of Moldova, Europe
Printed at: see last page
ISBN: 978-620-8-07578-1

A BICICLETA NO DISTRITO AUTÓNOMO DE GRANDE LOMÉ (TOGO): UM MODO DE TRANSPORTE POUCO UTILIZADO

Resumo

Desde 2000, as cidades da África Subsariana entraram na arena da metropolização. A expansão destas cidades e a concentração de pessoas no seu interior estão a criar grandes desafios de mobilidade. Para resolver estes problemas, as autoridades públicas lançaram-se em políticas de grandes obras, nomeadamente a reabilitação e a construção de infra-estruturas rodoviárias. Entre 2010 e 2018, 810 km de estradas serão reabilitados no Grande Distrito Autónomo de Lomé. Nesta metrópole, os ciclistas estão mal representados e são postos de lado durante a construção destas infra-estruturas rodoviárias.

O objetivo deste estudo é analisar as razões da fraca utilização da bicicleta no Distrito Autónomo da Grande Lomé, a fim de identificar estratégias para melhorar este modo de transporte suave na área de estudo. A metodologia utilizada nesta investigação baseia-se, por um lado, na documentação para examinar as várias teorias que regem a análise das questões relacionadas com a mobilidade ciclável e, por outro lado, na análise das realidades no terreno através de observações diretas, inquéritos e entrevistas com os vários intervenientes. O calor excessivo, as distâncias mais longas entre o centro da cidade e os subúrbios, a perceção negativa da bicicleta e a ausência de ciclovias são os principais factores que explicam a fraca utilização da bicicleta na Grande Lomé. Neste aglomerado urbano, 99,37% das ruas não têm ciclovias. As que existem não têm marcações no pavimento e são intransitáveis porque estão ocupadas por pequenos negócios.

Palavras chave: Grande Distrito Autónomo de Lomé (DAGL), mobilidade suave, transportes urbanos, ciclistas, bicicleta.

Índice

Introdução

Na África subsariana, as necessidades de mobilidade constituem um problema importante para as populações e os municípios. A necessidade de tráfego motorizado é uma preocupação central. O aumento do tráfego rodoviário está a agravar os problemas de mobilidade. O transporte motorizado tem um impacto negativo no ambiente. [1]Em 2018, segundo o Programa das Nações Unidas para o Ambiente (PNUA), nos países em desenvolvimento, 90% da poluição atmosférica nas zonas urbanas é imputável às emissões dos veículos. Em África, 176 000 mortes são causadas todos os anos pela poluição do ar exterior (OMS, 2018, p. 16). Esta situação está a ser alvo de grande atenção por parte de organizações internacionais como as Nações Unidas, o Banco Mundial, o FMI e a OMS, e pode ser explicada pelo elevado nível de motorização. [2]

[3] *No Togo, de acordo com o relatório do inventário nacional de gases com efeito de estufa elaborado pelo Ministério do Ambiente e dos Recursos Florestais (MERF), as emissões do sector energético em 2018 foram de 2007,05 Gg de CO2, e só o transporte rodoviário emitiu 1.471,58 Gg, ou seja, 56% deste gás. Nas décadas de 1970 e 1980, "as motos eram utilizadas apenas por funcionários públicos, altos funcionários, diretores de escolas, conselheiros pedagógicos e alguns funcionários da prefeitura" (D. K. Suka,

---

[1] PNUA: The Emissions Gap report 2018, Nairobi, Programa das Nações Unidas para o Ambiente,
[2] Gigagrama: unidade de medida da massa do sistema
[96]internacional no valor de 10 gramas ou 10 quilogramas

2021, p. 135). Mas no início dos anos 2000, com a democratização da moto e a ausência de um serviço de transportes públicos, as motos chinesas e indianas como a Sanya, Sanili, Lifan, Nanfang, Jincheng, Léopard, Apsonic, TVS e Haojue invadiram as ruas do Distrito Autónomo da Grande Lomé (D. K. Suka, 2021, p. 206).

No Grande Distrito de Lomé, o crescimento dos veículos motorizados de duas rodas está a aumentar os problemas associados à mobilidade. O predomínio dos veículos motorizados de duas rodas está a redefinir a geografia dos transportes urbanos nesta zona (A. Guezerre, 2013, p. 42). Em 2015, de acordo com o diagnóstico do Schéma Directeur d'Aménagement et d'Urbanisme de Lomé, 10% dos chefes de família dispunham de uma bicicleta para as suas deslocações diárias. A quota modal dos veículos motorizados de duas rodas é de 65%, dos automóveis 24% e dos camiões 1%. Os habitantes deste centro urbano têm pouco interesse em andar de bicicleta. Como acontece nas grandes cidades subsarianas, este meio de transporte é o "grande ausente" das ruas da Grande Lomé. As contagens rodoviárias efectuadas por A. Guezere (2008, p. 234) mostram que a quota modal da bicicleta é de cerca de 5%. Em 2021, este modo de mobilidade era utilizado por apenas 1,1% dos habitantes da Grande Lomé (D. K. Suka, 2021, p. 134). A utilização da bicicleta é portanto fraca. Perante esta constatação, a questão que se coloca é: que factores estão na base da fraca utilização da bicicleta na Grande Lomé?

Para responder a esta questão, é necessário analisar os efeitos respectivos do ambiente natural, do estado das estradas, do elevado nível de motorização e da perceção das pessoas sobre a mobilidade ciclável no Distrito Autónomo da Grande Lomé. Este estudo tem dois objectivos principais. Apresenta os materiais e os métodos, e os factores que explicam a fraca utilização da bicicleta no Distrito Autónomo da Grande Lomé.

1. Materiais e métodos

1.1. Enquadramento do estudo

A Grande Lomé situa-se entre 6°10' e 6°25' de latitude norte e 1°05' e 1°25' de longitude leste na região marítima, uma das cinco regiões económicas do Togo (Mapa 1).

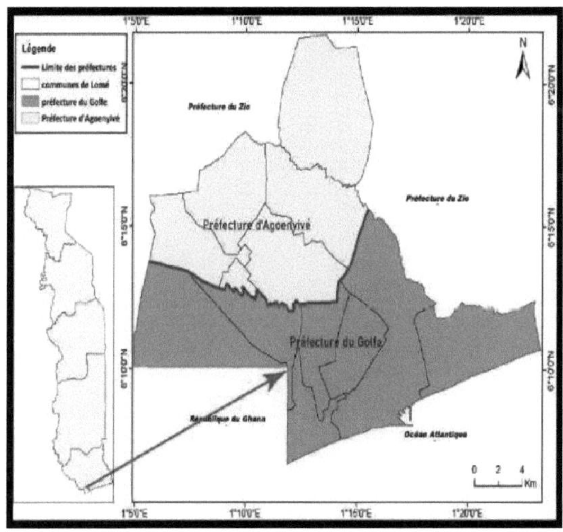

Mapa 1: Localização da Grande Lomé

Fonte: M. Koevi, 2023 O mapa 1 mostra que a aglomeração de Lomé inclui as prefeituras de Golfe e Agoenyivé. Situada no Oceano Atlântico, no Golfo da Guiné, a Grande Lomé faz fronteira a norte com a prefeitura de Zio, a leste com a prefeitura dos Lagos e a oeste com o Gana. É o maior centro urbano do país em termos de população, de superfície e de concentração de actividades socioeconómicas, albergando 2,2 milhões de pessoas, ou seja, 25% da população total (RGPH-5, 2022). O Grande Distrito Autónomo de Lomé cobre uma superfície de 42.560 ha e compreende 13 comunas. Regista um forte crescimento demográfico e espacial, que aumenta as distâncias entre o centro e a periferia e estimula a utilização de meios de transporte motorizados.

1.2.   Quadro metodológico

Para responder à questão deste estudo e atingir o objetivo principal, é necessária uma abordagem metodológica. Esta inclui pesquisa documental, observações diretas, entrevistas e inquéritos por questionário. A informação recolhida diz respeito à mobilidade em Lomé, e à bicicleta em particular. A pesquisa documental foi completada por observações participantes, permitindo avaliar o estado das estradas e a situação dos ciclistas nesta metrópole.

Os inquéritos de campo foram realizados de 5 a 27 de fevereiro de 2023, num total de 23 dias. Os ciclistas entrevistados foram os do boulevard Général Gnassingbé Eyadema, do boulevard du 13 janvier, do boulevard Jean Paul II e da circular de Lomé. Esta escolha permite-nos analisar as dificuldades do uso da bicicleta em Lomé e compreender o tráfego de veículos de duas rodas não motorizados. Para obter uma amostra representativa, foram entrevistados aleatoriamente 150 ciclistas nestas diferentes estradas. Foram incluídos na amostra ciclistas de diferentes bairros, como Baguida e Adétikopé (quadro 1).

Quadro 1: Repartição dos inquiridos

Estradas	*Número de inquiridos*
Centro da cidade - Adétikopé (Boulevard Gnassingbé Eyadéma),	*35*
Centro da cidade - eixo Sanguéra	*27*
Centro da cidade - eixo Baguida	*29*
Eixo Centro-Ville - Kégué (Boulevard Jean Paul II)	*28*
Circular de Lomé	*31*
Total	*150*

Fonte: Trabalho de campo, 2023

De acordo com o quadro 1, cinco (5) estradas foram selecionadas para os inquéritos. Para melhor analisar as condições de mobilidade urbana e compreender os obstáculos à utilização da bicicleta na Grande Lomé, foi efectuada uma observação participante, percorrendo a pé e de bicicleta as principais artérias da zona. Foram selecionados três percursos principais:

➢ o primeiro itinerário é Agoè Assiyéyé-carrefour 2 Iions-Carrefour Caméléon GTA-Voie de la Nouvelle Présidence-Kégué-Hedzranawoe (Marché Hedzranawoe);

➢ A segunda linha cobre: GTA - Boulevard Eyadéma - Universidade de Lomé - Lycée de Tokoin - Colombe de la paix - Avenue Maman N'danida - Deckon - Grand Marché;

>   A terceira artéria é a estrada costeira (RN2) que vai de Kodjoviakopé a Baguida.

Este exercício analisou a temporalidade, as atitudes de viagem e a coabitação entre ciclistas e outros utentes da estrada (peões, motociclistas, triciclistas, automóveis, autocarros e camiões). O tratamento dos dados foi efectuado com recurso ao QGIS 2.14, SPSS, Excel e Word. O QGIS foi utilizado para produzir mapas, o SPSS foi utilizado para calcular médias e o Excel e o Word foram utilizados para gráficos, tabelas e texto. A máquina fotográfica digital foi utilizada para ilustrar, através de fotografias, as diferentes situações que mostram as dificuldades da utilização da bicicleta na Grande Lomé. O gravador foi utilizado para as sessões de entrevista. Foi realizada uma operação de contagem de fluxos em fevereiro de 2023, fora do período de férias escolares. Esta metodologia conduziu aos resultados seguintes.

2. Resultados

Os resultados do inquérito abordam os factores que estão na origem da fraca utilização da bicicleta no Distrito Autónomo da Grande Lomé.

2.1. A bicicleta: o meio de transporte menos utilizado no DAGL

Na área metropolitana de Lomé, a utilização da bicicleta é muito limitada. Continua a ser o meio de transporte menos utilizado neste centro urbano (Figura 1).

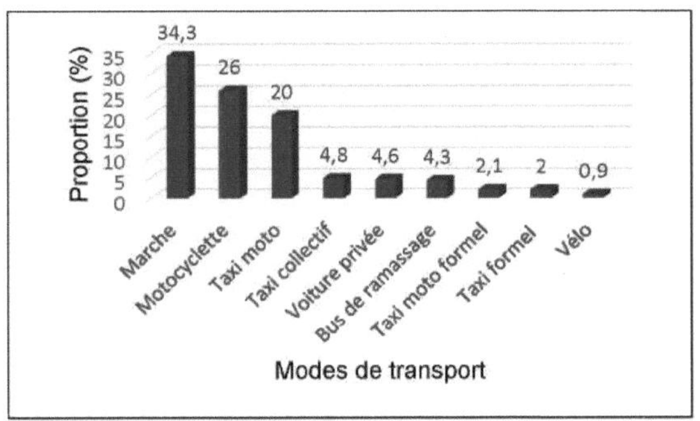

Figura 1: Percentagem de cada modo de transporte na Grande Lomé

Fonte: Trabalho de campo, 2023

A análise dos resultados apresentados na figura 1 mostra que os meios de transporte menos utilizados para se deslocar para o trabalho são o moto-táxi formal (2,1%), o táxi formal (2%) e a bicicleta (0,9%). A bicicleta é o meio de transporte menos utilizado na Grande Lomé. Este desinteresse dos habitantes da cidade da Grande Lomé pelos veículos de duas rodas não motorizados deve-se ao efeito combinado de vários factores.

2.2. Factores que explicam a fraca utilização de bicicletas na Grande Lomé

Contrariamente às zonas rurais, onde as pessoas preferem deslocar-se de bicicleta, este meio de transporte é menos popular nas grandes aglomerações urbanas da África Subsariana. Apesar da sua preponderância nestes centros urbanos desde os anos 20 até ao final dos anos 60, a quota-parte da bicicleta nas deslocações dos habitantes das cidades diminuiu. Em 1928, existiam no Togo 1 772 veículos de duas rodas, dos quais 731 bicicletas (97,69%) e 41 motociclos (2,31%). Em Lomé, como em todas as cidades togolesas, a bicicleta domina o sector dos transportes. Na Grande Lomé, existiam 637 bicicletas (61,3%), 15 motociclos (1,44%), 96 veículos ligeiros de passageiros (9,2%), 14 furgões (1,35%), 77 camiões com peso entre 500 e 1.000 kg (7,4%), 194 camiões (18,7%) e 7 tractores ANT (0,6%).

(K. Kouzan, 2022, p. 31). Existem várias razões para rejeitar este modo de transporte (Figura 2).

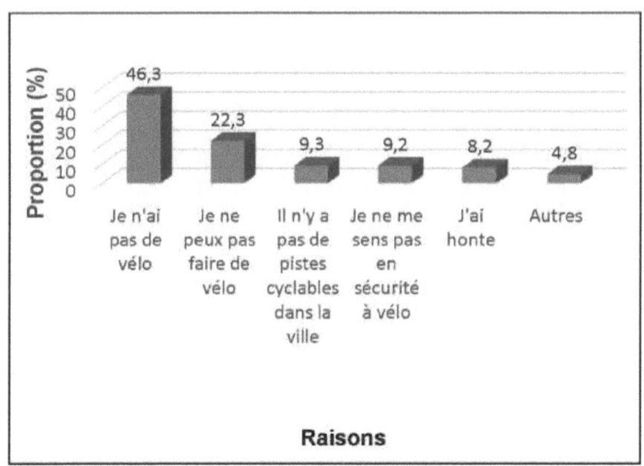

Figura 2: Razões para não utilizar bicicletas na Grande Lomé

Fonte: Trabalho de campo, 2023

De acordo com a Figura 2, existem várias razões pelas quais os habitantes da cidade na Grande Lomé não andam de bicicleta. Estas razões estão mais relacionadas com a propriedade e o controlo da bicicleta. Para 46,3% dos inquiridos, a rejeição da bicicleta é justificada pelo facto de não possuírem uma. Esta situação não depende do baixo poder aquisitivo, mas da falta de vontade de ter uma, pois nesta cidade, o preço de uma bicicleta está ao alcance da população (sDAU, 2016, p. 75). O preço varia entre 25.000 francos CFA e 80.000 francos CFA. O custo de uma bicicleta é doze (12) vezes inferior ao de uma mota, que varia entre 400.000 e 2.500.000 FCFA. No entanto, os lomenses preferem os veículos motorizados de duas rodas. Num contexto marcado pela insegurança económica, é paradoxal que os constrangimentos à utilização da bicicleta tenham menos a ver com as possibilidades económicas do que com o desejo. Esta situação confirma que o poder de compra não é o principal fator que explica a fraca utilização da bicicleta nesta metrópole.

São vários os factores que explicam o desinteresse dos habitantes da Grande Lomé por este modo de mobilidade. São eles naturais, político-estratégicos e socioeconómicos.

2.2.1 Um modo de transporte limitado pelo meio físico

As caraterísticas físicas do Grande Distrito Autónomo de Lomé têm um impacto importante no seu desenvolvimento e nas condições de transporte. O calor excessivo, os solos arenosos e argilosos e as chuvas de duplo pico dificultam a mobilidade dos ciclistas. As temperaturas variam entre 25°C e 31°C, atingindo um máximo de 35°C em 2022 (DMN). Estas temperaturas elevadas dificultam a utilização da bicicleta, uma vez que os ciclistas evitam suar, optando por meios de transporte motorizados. Para além disso, a precipitação média é de 874,8 mm/ano (DMN, 2020).

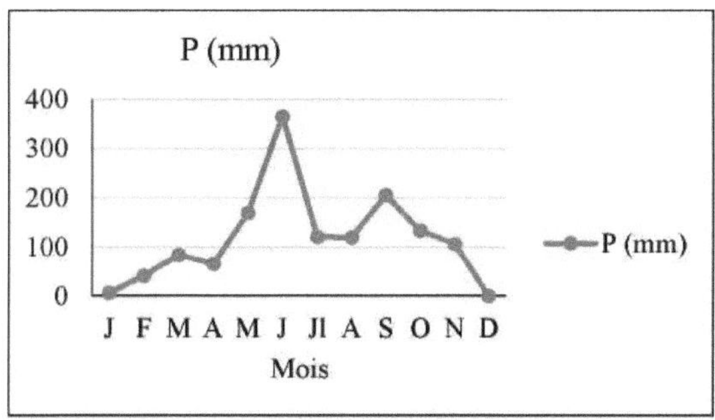

Figura 3: Variação anual da precipitação em Lomé (2022)

Fonte: DMN, 2022

As chuvas no Grande Distrito Autónomo de Lomé são bimodais. Estas chuvas provocam inundações nos solos pouco permeáveis, o que dificulta a circulação de bicicletas. Os ciclistas evitam geralmente sair de casa durante a estação das chuvas (Quadro 1).

Placa 1: Ruas inundadas no distrito de Zongo em Agoenyivé

Fonte: Trabalho de campo, junho de 2023

As fotos da prancha 1 mostram ruas inundadas em Zongo, na comuna de Agoenyivé 4, no norte do Grande Distrito Autónomo de Lomé. O mau estado das ruas dificulta a mobilidade, nomeadamente dos automobilistas e dos ciclistas. Após a chuva, a água fica estagnada entre 8 e 24 horas, ou mesmo mais, consoante a topografia. Nas zonas baixas, a estagnação prolonga-se por mais de 24 horas. Na estação das chuvas, as poças escondem buracos e ravinas, tornando as ruas intransitáveis para as bicicletas, especialmente as não pavimentadas. A água e a lama fazem com que os ciclistas escorreguem e se sujem. As trovoadas com ventos fortes reduzem a visibilidade, dificultando a circulação dos ciclistas e, por vezes, provocando quedas. Estas condições dificultam a circulação de bicicletas na Grande Lomé. Para além dos obstáculos físicos, o elevado nível de motorização também limita o uso da bicicleta.

2.2.2. *Elevado nível de motorização na Grande Lomé: um fator limitativo para a utilização da bicicleta*

Uma das razões para a fraca utilização da bicicleta no Grande Distrito Autónomo de Lomé é o elevado nível de motorização. Entre 2000 e 2020, o raio médio desta cidade aumentou de 10 km para 25 km (D. K. Suka, 2021, p.167). Este aumento da distância está a levar a inovações nos transportes. O número de automóveis e de motociclos nesta aglomeração está a aumentar consideravelmente, sobretudo com o boom da motorização individual (A. Guezere 2012, p. 45). Entre 2000 e 2020, o número de veículos motorizados de duas rodas aumentou fortemente (Figura 3).

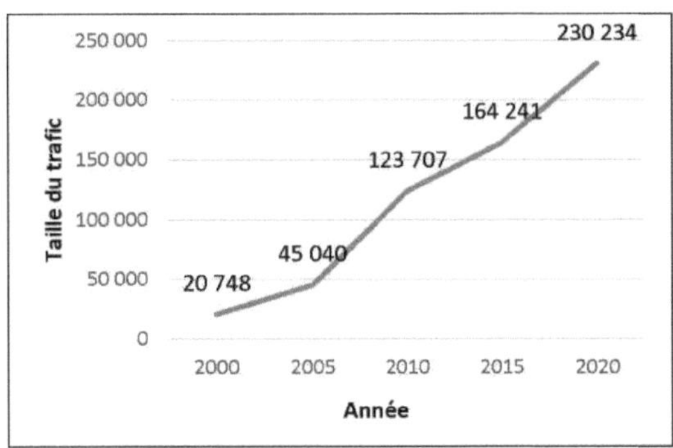

Figura 4: Número de veículos motorizados de duas rodas no Grande Distrito Autónomo de Lomé

Fonte: BOAD-SOTED (2015), DTRF (2020)

A figura 3 mostra a evolução do número de veículos motorizados de duas rodas no Grande Distrito Autónomo de Lomé de 2000 a 2020. O ano de 2005 marca o início de um crescimento vertiginoso do número de veículos motorizados de duas rodas. Entre 2000 e 2005, o número de veículos de duas rodas mais do que duplicou. Passou de 20.748 motociclos para 45.040. Entre 2005 e 2010, o crescimento foi ainda mais dramático. O número atingiu 123.707 em 2010 e 164.241 em 2015. Até 2020, haverá 230.241 motociclos na Grande Lomé, um aumento de 184.241 em 20 anos. Para além dos veículos de duas rodas, os automóveis representam uma parte significativa dos transportes motorizados nesta zona (Figura 4).

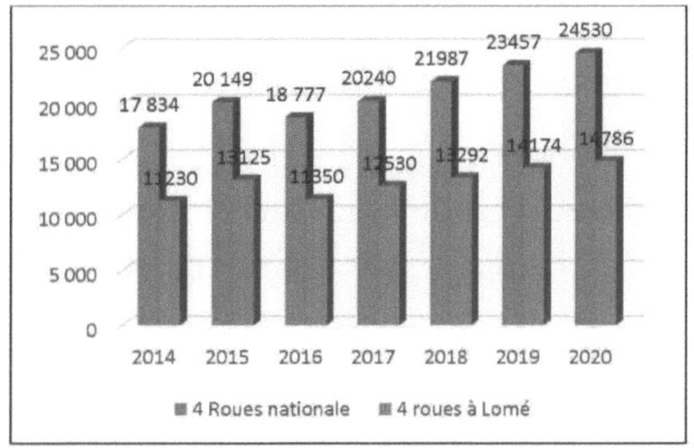

Figura 5: Frota automóvel em crescimento

Fonte: Base de dados da DTRF, 2020

A Figura 4 mostra um aumento constante do número de veículos motorizados na Grande Lomé entre 2010 e 2020, com mais de metade do parque automóvel nacional concentrado nesta área. Este aumento deve-se à expansão urbana e ao desejo dos residentes de possuírem o seu próprio veículo. No entanto, esta motorização não foi acompanhada por melhorias nas infra-estruturas rodoviárias ou pela construção de ciclovias, expondo os ciclistas ao risco de acidentes. Em 2021, 7.130 acidentes envolveram 12.597 veículos, incluindo 7.442 veículos de duas rodas, causando 576 mortos e 9.514 feridos. De acordo com inquéritos, 37% dos ciclistas já foram atropelados por um veículo motorizado pelo menos uma vez. O mau estado das estradas e a ausência de ciclovias explicam a fraca utilização da bicicleta na Grande Lomé.

2.2.3. *O mau estado das estradas e a falta de espaços dedicados às bicicletas*

Apesar das políticas de desenvolvimento e de manutenção das infra-estruturas rodoviárias, a rede rodoviária do Grande Distrito Autónomo de Lomé é insuficiente e deficiente. As novas estradas são estreitas, com larguras que variam de 12 a 16 metros. Os ciclistas são marginalizados nestas estradas estreitas, uma vez que não existe um espaço dedicado para eles. As deficiências destas estradas também se reflectem no pavimento. Neste centro urbano, apenas 14,35% das ruas são pavimentadas, das quais 39,89% estão em bom estado. Estas deficiências dificultam a deslocação dos ciclistas e tornam a bicicleta menos atraente para os habitantes da Grande Lomé. Os transportes em geral no Distrito Autónomo da Grande Lomé são marcados por um traçado rodoviário deficiente. Todas as estradas não são pavimentadas e encontram-se em estado de degradação (quadro 2).

Quadro 2: Estado das ruas da Grande Região Autónoma de Lomé

Tipo de revestimento	Estado			Total (km)
	kmBom ( )	Média (km)	kmMau ( )	
Betume	39,064	62,637	10,266	111,967
Teclado	15,826	9,557	2,35	25, 618
Recarga de laterite	1,99	5,476	3,583	9, 259
Terra	2, 521	77,115	731,984	811, 620
Total	57,611	154,78	746,068	958, 466

Fonte: Relatório AG7, DGIEU, 2020

A Tabela 2 mostra que apenas um terço das estradas asfaltadas está em boas condições, enquanto 90.18% das estradas de terra estão em más condições, representando 811.620 km, ou 84.67% do total da rede de estradas. Os dados da Tabela 1 mostram que de uma extensão total de 958.466 km de estradas, incluindo 111.967 km de estradas asfaltadas, 746.068 km da rede rodoviária principal estão em mau estado, com apenas 57.611 km em bom estado no Distrito Autónomo da Grande Lomé. As estradas têm sistemas de drenagem que funcionam mal e uma proteção inadequada da superfície da estrada, nomeadamente devido à falta de bermas. De acordo com os inquéritos no terreno, 71% dos ciclistas utilizam frequentemente estradas pavimentadas, mas apenas 34% se sentem confortáveis nelas, o que torna a bicicleta menos atractiva. Além disso, a ausência de ciclovias constitui um verdadeiro obstáculo à mobilidade dos ciclistas, obrigando-os a partilhar a estrada com os utilizadores motorizados.

As infra-estruturas rodoviárias estão distribuídas de forma desigual no Grande Distrito Autónomo de Lomé. A densidade rodoviária varia de uma comuna para outra (Mapa 2).

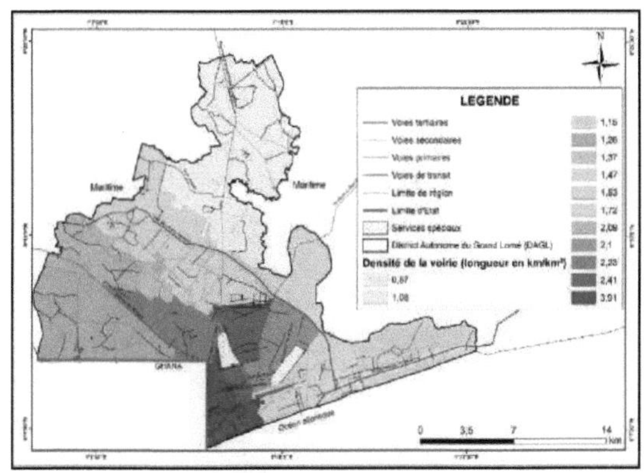

Mapa 2: Densidade rodoviária no DAGL

Fonte: M. Koevi, 2023

O Mapa 2 mostra a densidade de estradas no Distrito Autónomo da Grande Lomé. A distribuição da densidade rodoviária na zona de estudo é desigual. As zonas da baixa da cidade (perto da costa atlântica) apresentam uma densidade rodoviária elevada (densidade superior a 2 km por km2). Esta zona inclui o centro da cidade e os seus arredores, onde se concentra a atividade económica e onde a mobilidade é crucial para as operações diárias, especialmente nas horas de ponta.

A insuficiência destas infra-estruturas é agravada por uma iluminação pública deficiente, que dificulta a utilização da bicicleta durante a noite.

2.2.4. *Ruas mal iluminadas: um fator limitativo para o uso da bicicleta*

Outro problema de mobilidade na Grande Lomé é a eletrificação das ruas. As ruas da capital carecem de iluminação, como mostra a Placa 2.

Placa 2: Iluminação pública deficiente no Grande Distrito Autónomo de Lomé

Fonte: Trabalho de campo, junho de 2023

As fotografias da Placa 2 mostram ruas com pouca ou nenhuma iluminação, o que constitui um problema para os ciclistas à noite. Desde 2008, 40% das ruas da Grande Lomé foram iluminadas, mas os candeeiros de rua nem sempre funcionam regularmente. O centro da cidade é mais bem iluminado do que as zonas periféricas, como Aflao Sagbado e Baguida, onde apenas 29.490

metros lineares de ruas estão iluminados. Nestas zonas, 66,7%
dos ciclistas utilizam estradas sem postes de eletricidade. Além
disso, 63% das bicicletas não têm faróis, o que limita a
mobilidade nocturna. A iluminação inadequada explica a baixa
utilização da bicicleta à noite, que é agravada pela expansão
urbana e pelo aumento das distâncias percorridas.

2.2.5.A bicicleta no Distrito Autónomo da Grande Lomé: um meio de transporte local

O ritmo de crescimento espacial da cidade de Lomé conferiu-lhe o
carácter de uma cidade dispersa onde a distância entre o centro e a
periferia não pára de aumentar. Os bairros dormitórios afastam-se
cada vez mais dos bairros comerciais.

O raio real da Grande Lomé varia entre 15 km e 25 km, enquanto
que a utilização da bicicleta numa zona urbana é eficaz numa
distância inferior a 10 km. A figura 5 mostra as distâncias médias
percorridas pelos utilizadores de bicicleta no Distrito Autónomo da
Grande Lomé para chegarem aos seus locais de trabalho.

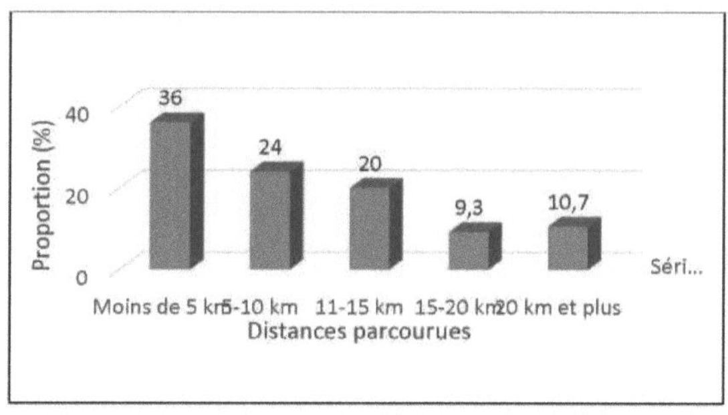

Figura 6: Repartição dos ciclistas inquiridos por distância percorrida de casa até ao local de trabalho ou de formação

Fonte: Trabalho de campo, 2023

De acordo com a Figura 5, 60% dos ciclistas percorrem menos de 10 km por dia para se deslocarem para o trabalho ou para a escola. O número de ciclistas diminui com o aumento da distância, com apenas 10,7% a percorrer 20 km ou mais diariamente. Isto mostra o impacto da expansão urbana na baixa utilização de bicicletas na Grande Lomé. No entanto, estes factores, por si só, não explicam este baixo nível de utilização; depende também da perceção dos residentes locais.

2.2.6.*A perceção de Loméans: a imagem do ciclismo deteriorou-se*

Nas grandes cidades da África subsaariana, a bicicleta é vista como um meio de transporte para os pobres, para os citadinos que não têm dinheiro para comprar uma mota ou um carro. No Grande Distrito Autónomo de Lomé, as pessoas vêem a bicicleta como um meio de transporte obsoleto e um sinal de "pobreza e ruralidade" (Figura 6).

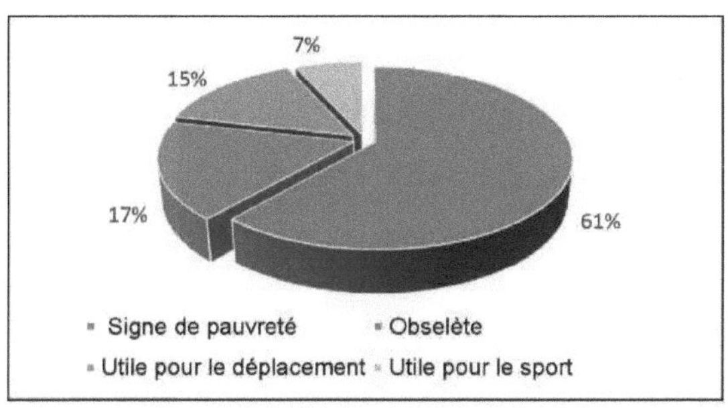

Figura 7: A perceção de Loméans sobre o uso da bicicleta
Fonte: Trabalho de campo, 2023

A figura 6 mostra que os habitantes de Lomé associam o ciclismo à pobreza, com 61% dos inquiridos a acreditarem que só é utilizado pelos pobres. Apenas 15% dos ciclistas vêem a bicicleta como um meio de transporte útil e 7% como um meio de desporto. Possuir uma mota ou um carro é visto como um sinal de sucesso. Entre os ciclistas, 81,3% querem mudar de meio de transporte e 22,7% querem escapar ao desprezo dos outros utilizadores. Além disso, 74,7% foram vítimas de comentários depreciativos, sendo frequentemente apelidados de "pobres", "aldeões" e "menos civilizados".

3. Discussão

A baixa utilização de bicicletas no Distrito Autónomo da Grande Lomé deve-se a factores naturais, económicos, estratégicos e sociais. As bicicletas são socialmente desfavorecidas e ainda são vistas de forma negativa, o que limita a sua adoção como modo de mobilidade suave nas metrópoles subsarianas. C. Aholou e K. H. Logan (2021, p. 8) salientam que a bicicleta é frequentemente associada à pobreza e ao desprezo no trânsito de Lomé. Esta perceção é comparável à observada por M. Cusset (1995, p. 88) na África Ocidental, onde a bicicleta é vista como degradante, ao contrário de certas regiões da Ásia onde a bicicleta é mais valorizada do que a deslocação a pé. D. Olvera e D. Plat (1996, p. 298) observam que a bicicleta é particularmente popular nas zonas rurais. P. Pochet (2002, p. 6) explica a ausência da bicicleta nas capitais subsarianas devido à sua perceção como "um símbolo de ruralidade e de pobreza".

A perceção social não é o único fator que explica a fraca utilização da bicicleta. A falta de segurança que afecta este modo de transporte constitui um travão considerável. Esta insegurança deve-se, em parte, ao aumento constante das deslocações motorizadas. A mistura do tráfego de motociclos e automóveis coloca os ciclistas num beco sem saída, com um risco constante de acidente. Os escritos de A. Guézéré (2012, p. 70) sobre as deslocações motorizadas em Lomé vão no mesmo sentido quando afirma que, enquanto as relações são mais ou menos aceitáveis entre automobilistas e condutores de automóveis, os ciclistas e os peões são considerados como fontes de incómodo.

A. Passoli et al (2024, p. 21) explicam que constrangimentos como a falta de passadeiras nas estradas principais, o desrespeito do código da estrada pelos automobilistas e o seu mau comportamento têm um impacto negativo na mobilidade dos utilizadores de modos de transporte activos. O seu estudo revela que, na Grande Lomé, 60% das deslocações em bicicleta têm uma distância igual ou inferior a 10 km. A bicicleta é procurada como um meio de deslocação rápido, económico e prático para as deslocações de curta e média distância (SDAU, 2014, p. 217). Esta opinião não é partilhada por C. Aholou, K. H. Logan (2021, p. 8) que, pelo contrário, explicam que:

Os ciclistas de Lomé não se deslocam frequentemente a nível local. A maioria das deslocações vai para além do distrito de origem do ciclista, com apenas % a dizer que viaja menos de 5 km de casa para o trabalho. A viagem média para % dos inquiridos é entre 5 e 10 km.

Conclusão

Este estudo sobre a mobilidade ciclável no Grande Distrito Autónomo de Lomé permitiu identificar os factores que explicam a fraca utilização da bicicleta. Verificou-se que a fraca utilização deste meio de transporte se deve aos constrangimentos do ambiente natural, tais como o calor e a chuva opressivos, o estado das estradas, o elevado nível de motorização, a expansão da cidade seguida do alongamento das distâncias e a perceção negativa dos lomenses sobre a mobilidade ciclável. A imagem da bicicleta no Grande Distrito Autónomo de Lomé degradou-se. A bicicleta é utilizada pelos habitantes das zonas periurbanas, menos abastados e menos urbanos do que os habitantes dos bairros centrais da cidade. De acordo com os inquéritos no terreno, os principais utilizadores de bicicletas nesta metrópole são as crianças em idade escolar (35%), os estudantes (21%) e os aprendizes (16%). A utilização da bicicleta está reservada às deslocações locais, sendo que 60% dos ciclistas inquiridos percorrem uma distância de 10 km ou menos de bicicleta nas suas deslocações diárias. Esta situação é preocupante para o Estado e os poderes públicos, numa altura em que os debates se centram no desenvolvimento sustentável. De acordo com o *World Resource Institute* (WRI, 2016), o transporte rodoviário é responsável pela emissão direta de 10,5% do CO_2 mundial, sendo que 74,6% dessas emissões estão relacionadas com os transportes. Neste sentido, pretende-se incentivar a utilização da bicicleta, dando prioridade ao desenvolvimento de infra-estruturas adaptadas à utilização segura da bicicleta neste espaço urbano, tomando medidas que facilitem a sua aquisição e reduzindo as deslocações motorizadas. O desafio é atenuar os problemas de mobilidade que assolam esta metrópole em termos ambientais, económicos e sociais. A promoção e o desenvolvimento da mobilidade ciclável no Grande Distrito Autónomo de Lomé contribuirão para a sustentabilidade da mobilidade e tornarão a bicicleta um modo de transporte complementar particularmente eficaz nas zonas periurbanas deste centro urbano.

Referência bibliográfica

AHOLOU Coffi, LOGAN Koffi Hubert, 2021, " Usage du vélo dans la mobilité active à Lomé : au-delà des contraintes, le bénéfice santé ", In *Revue Espace,*

Territoire, Sociétés et Santé, pp.7-20 CUSSET Jean-Michel et al, 1995, "Les Transports urbains non motorisés en Afrique sub Saharienne. Le cas du Burkina Faso", coll. *SITRASS,* 138 p.

DIAZ OLVERA Lourdes, PLAT Didier, 1994, "Usages et images du vélo à Ouagadougou",

Investigação sobre segurança dos transportes, n.º 45

pp. 45-54.

FAGBEDJI Kodjo Gnimavor, HETCHELI Follygan, DANDONOUGBO Iléri, 2021,

"L'éclairage public des rues dans les espaces périurbains de Lomé (Togo): de l'inégalité spatiale à l'injustice", in AKAKPO Yaovi (ed.), *Aménagement du territoire et sentiers d'économie en Afrique: fonction de bricolage.*

tecnologia, inovações sociais em África, Collection Études Africaines, l'Harmattan, Condé-en-Normandie

(França), março de 2021, ISBN 978-2-34322224-0, pp. 49-74.

GUEZERE Assogba, 2009,

"Complémentarité et intégration spatiale des transports artisanaux à Lomé" In Revue de Géographie Tropicale et d'Environnement, n° 1, EDUCI, pp. 51-63. KOUZAN Komlan, 2022, " L'utilisation de la bicyclette et de la motocyclette au Togo à l'époque coloniale (1884-1960) ", In *Géotransports*, n° 17-18, pp. 27-40.

LAROSE Frédéric, 2011, "La pertinence du vélo en ville, Le vélo au cœur des politiques de mobilité durable", http://base.citego.info/fr/corpus analyse/fi che-analyse-65.html.

LOGAN Koffi Hubert, 2020, *Modes doux de mobilité urbaine: perception et contraintes des déplacements à vélo dans le grand Lomé,* tese de mestrado, Departamento de Geografia, Universidade de Lomé, Lomé, 106 p.

OMS, 2018, Relatório sobre a situação mundial da segurança rodoviária, 71 p.

PNUA, 2018, The Emissions Gap report 2018, Nairobi, Programa das Nações Unidas para o Ambiente, 15 p. POCHET Pascal, 2002, "V comme Vélo ou le grand absent des capitales africaines. Xavier Godard", *Le temps de la débrouille et du désordre inventif, Karthala, Inrets* pp. 343-355.

PASSOLI Abelim, DANDONOUGBO Iléri, K. DIZEWE Kossi, AHOLOU Coffi, 2024, "Mobilidade urbana e segurança routière : Approche la sécurité des usagers des modes de déplacement doux dans le Grand Lomé ", In *American Journal of Traffc and Transportation Energineering,* Vol. 9 n°1, pp.9-22.

SUKA Dela Kofi, 2021, *Étalement urbain et problématique de la mobilité dans les métropoles d'Afrique subsaharienne : étude de cas du Grand-Lomé au Togo,* tese de doutoramento, Departamento de Geografia, Universidade de Lomé, Lomé, 289 p.

More
Books!

info@omniscriptum.com
www.omniscriptum.com
OMNIScriptum